媽媽教我做的糕點

派塔╳蛋糕╳小點心，重溫兒時的好味道

賈漢生／丁松筠 著
楊志雄 攝影

華人音樂教父 李宗盛

有漢生這樣一個朋友的好處，早就不只是能經常吃到他愛心烘培的糕點了。從更深一層的意義上來說，他是我心裡那個願意向好，比較善良的李宗盛的導師與夥伴。

在我認識很多的揚名立萬、事業大成、身家不菲的朋友之中，漢生是（極少，也可能是唯一）每天忙得要命，卻不見他有一件事是為了自己的人。這是我跟他幾十年交往，從同事到朋友，從共事到交心的真實感受。

我這幾年更積極的投入公益，漢生的帶領與協助是主要的原因與動力。除了自己能奉獻一份心力之外，更多的喜悅是來自於認識了更多力量比我微小，付出卻比我更多的人。

我深受感動，並因此意願更堅，更有力量。
我禱告我能感動更多的人，一起領會施比受更有福的真義！
主施予我，賜與我的福份恩典是為了要我傳遞分享出去！
漢生出書邀我寫序，藉此機會抒發已懷。

新年伊始，衷心祝福大家！

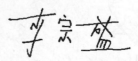

神聖基因蛋糕烘焙食譜

超愛吃蛋糕的我，來到德國生活之後，看看那些德國專業的糕餅師傅，一天得和麵又搓揉多少麵粉來烘焙那麼多種德國蛋糕，我確定烘焙蛋糕是「男人的活兒」，我這家庭主婦只需保持愛吃就好了。

漢生是個男生，他的烘焙並沒有商業目的，卻也專業到不行。

他對烘焙的愛好，很具體也很遼闊；他的蛋糕風味，讓人吃過就很難忘懷。他也常年為了給老人醫療中心募款而烘焙；他的蛋糕除了用料實在乾淨好吃，也帶著許多真誠愛心的使命。每回吃到漢生的蛋糕，總讓我汗顏，因為我除了不會烘焙蛋糕，連愛心奉獻的堅強度也比不過他。

漢生帶著愛心使命的蛋糕，也有著神聖的基因。

因為漢生的蛋糕烘焙食譜，多數來自教會神職人員的家傳烘焙，想想這些蛋糕曾撫慰多少離鄉傳教的教士心靈，我們就知道這些家傳蛋糕裡有多麼強大的溫柔和愛。

這本書中的蛋糕烘焙食譜更精彩了，漢生說是丁松筠神父媽媽的家傳蛋糕烘焙食譜。這讓我十分羨慕！像這樣的烘焙食譜，已經都可以當成美食文化財產來保護了吧？

如果你喜歡烘焙蛋糕，這本有著愛心和神聖基因的蛋糕烘焙食譜，是絕對要收藏啊！

創作才女

鄭華娟

百搭的漢生，百搭的甜點

「賈漢生很可怕，誰他都認識！」這是我最常聽到朋友對他的形容。直到我是他那誰誰的時候，明白也領教了江湖上的傳說。最可怕的是漢生與你第一次碰面就會像老朋友般聊起天了，很可能聊著聊著又聊起你們共同的朋友，這對他來說是常常發生的。

漢生的甜點像極了他的人，婚喪喜慶、紅酒咖啡、春夏秋冬，漢生都能為你特調手中甜點與你同喜同悲、從未缺席。漢生把甜點放在我們之中，不把它當附餐，我在漢生穿梭他的生活朋友與甜點中默默旁觀，原來分享與給予是這個人際網最甜蜜的鋼骨。

我愛漢生，也愛「有愛的甜點」。

P.S我的快樂與悲傷×漢生甜點紀實
雞母會的嘰嘰喳喳 ── 焦糖核桃派（健康甜蜜取向）
辦公室的烏煙瘴氣 ── 巧克力布朗尼（多巴胺的刺激）
為完成募款的慶功 ── 酸奶油咖啡（咖啡紅酒都好搭）
為兒子老公過生日 ── 香蕉蛋糕（謝謝陪伴我們的成長）
為我中年後的冒險 ── 檸檬塔（勇氣十足不害怕）

我在漢生的甜點裡記錄了我自己
謝謝漢生

資深音樂人　吳怡芬

那心動，更讓你感動的美味烘焙手

甜點對我而言，誘惑力一直不大。除了偶爾在喝咖啡時，會想吃塊極為香濃的純起士蛋糕，或是濃醇的巧克力蛋糕外，少有讓我吃過會想念的。但是當Dear John漢生他送上我的嘴，那第一口維多利亞蛋糕時，已增加漢生在我記憶中的唱片製作的好手外，他的烘焙功力非淺薄的玩家，而是烘焙達人的角色！

品嘗到椰子鳳梨派時，「哇～可口」兩字馬上跳出我的味覺，再來嘗到胡桃派時，質感根本跳脫印象中的核桃派，讓我這不買甜點的人，拜託非做生意的他，一定要做給我的髮廊同仁品嘗，與送給我身邊所有的人。想讓他們都能跟我一樣，享受被漢生的蛋糕感動在口、在心、在細胞裡面的觸動感！當然陸陸續續品味到的各種點心，更是每每讓我感動、驚豔！

漢生學習烘焙的方向是由神職人員的家傳烘焙開啟。他的功力，除了保持特殊美式傳統的烘焙經典外，已深深地融合他做烘焙時，投入專注的愛與深刻感動到人心的醇厚烘焙功力了！

這次以丁神父的母親保留家傳烘焙食譜內容，呈現他的新作，除了再度能把這些精神價值極佳美味給傳遞出來，又是一本讓更多讀者多了解這位台灣難得的烘焙大師——賈漢生！

歌手、演員、瑜珈師　坐娜

情歌王子 光良

媽媽在每一個人的心中一直扮演著重要的角色，從開始懂事、學習、成長，過程中媽媽為孩子做的每一件事情，都是一種愛的付出。

相信大家都有同感，無論在外地吃了多少豐富、高級、精緻的美食，回到家只要可以吃到媽媽親手煮的一頓飯，一定遠比外面的山珍海味好吃，媽媽親手做的總是最好吃的。

在馬來西亞怡保家鄉，每逢農曆新年，媽媽都會做很多不同的餅乾糕點，小時候的我，都會在一旁當小幫手。好奇寶寶的我自然而然看久了也正

大光明的從媽媽那學到做甜點的方法和樂趣。長大後，因為工作離開家的日子，常常都會想念起媽媽做的甜點。

因為吃不到，不如就學習自己做，過程中一直國際連線視訊問媽媽私藏的食譜和作法。多希望媽媽有一本完整的食譜，可以讓我隨時想做就可以參考，做出有媽媽味道的甜點。

漢生哥是滾石時期的同事，知道他也喜歡做餅乾、蛋糕，也時常打電話詢問他關於做糕點的技巧。

這一次漢生哥的新書讓我很感動的是，食譜是丁神父母親的家傳食譜，謝謝丁神父無私的分享了這些食譜，這不僅是丁神父母親的愛，也讓讀者們閱讀或是親手製作的過程，感受到天下每一位母親的愛。雖然媽媽沒有辦法無時無刻一直陪在我們身邊，透過食譜做出來的糕點香味，就像母親的愛一樣會一直流傳下去。

認識漢生大哥，幾乎已經快二十年了；當年剛從屏東到台北打拚的我，又「俗」又「土」的，還好當時的製作部總監漢生大哥，不但沒有嫌棄，反而常常鼓勵我，並且用他對音樂的專業，幫我在第一、二、三張專輯中，收錄了最棒的作品。

二十年後的現在，他要再一次的用他對「烘焙」的專業，向大家介紹《媽媽教我做的糕點》，這本書的發想，源自於丁神父的媽媽，而我們現在竟然也能夠從漢生大哥的手中，吃到、看到最有溫暖、最有愛、最有媽媽味道的甜點書。

雖然我不會做甜點、蛋糕，但家中的孩子們，卻也非常幸福的，常常吃到「漢生阿伯」做的甜點蛋糕啦～～～哈哈。如果你覺得彭佳慧的歌，是有溫度的，那漢生阿伯的甜點書，照著做……嘿嘿，保證你吃下去的第一口——嗯～淚流滿面啊！

鐵肺歌后 彭佳慧

創作歌手 韋禮安

我的生命當中有許多貴人，漢生哥就是其中之一。

在跟漢生哥共事的那段時間，他時不時會端出令人驚豔的甜點傑作。只要有重大場合，舉凡生日、演唱會、頒獎典禮後台，總可以期待他的大作。我想我當年的體重有一部份也要歸功於他吧（笑）。

然而有一段關於他的回憶並非與食物相關，但對我影響至深，或許他都忘了。那是在一次公司聚餐之後。在餐廳外頭他把我拉到一旁，跟我說了幾句話。當時的我對未來有些迷惘，在理想與現實間有著不小的掙扎，甚至一度想說要不要放棄音樂這條路。曾跟著李宗盛大哥工作多年的他看在眼裡，就把他看著大哥努力過來的經驗分享給我。確切對話我已有些模糊，但是終歸一句，「只要堅持，撐下來，就會是你的。」

我想我的故事只是冰山一角。漢生哥細膩、體貼、為人著想的特質，肯定早已默默溫暖了數不清的人。現在他將透過他的料理，把這一切帶給更多的人。期待你們也跟我一樣，可以在當中找到力量，並且把這份溫暖繼續傳遞下去。

在舌尖化開，在心中連結

我 2015 年在先勢公關公司的好食研究院開了一門舒食排毒與心靈分享的課程，就在接近後半段的時候，來了位年輕人報名參加，這個人看了很舒服，說話很有溫暖與愛心的 fu，很討喜的一個人，他就是漢生。

從陌生到熟悉，由學生變朋友，都是因為一個善、一種愛在牽引連結，其中更有漢生的手作烘培甜點，穿針引線，成為慈悲分享的橋樑，平日言談，感受到他由昔日光鮮亮麗的音樂生涯，轉換到為公益而努力募款的誠懇與敬業，覺得他真是純真無邪心地善良的當今奇葩，當然他做出來的甜點，正是江湖中傳說充滿能量，療癒指數破表的愛的甜點。

談到甜點，因為太多市售食材品質堪憂與太甜的緣故，我能不吃就不吃，但第一次收到漢生的胡桃派，視為珍品，與朋友分享的過程中，驚呼讚嘆連連，因為除了充滿愛，就是真善美的結合了，純真原味、真材實料、上善若水、柔順香滑，精緻味美、簡約典雅，正是舌尖上的基因密碼，呈現出該有的風貌，配上一杯手沖韓式心靈咖啡，啊！人間極品，這就是漢生詮釋出來具有生命延續力與感染力的愛的甜點。

朋友們想吃嗎？漢生準備了 40 種成品與您分享，心動了嗎？就行動吧！擁有甜蜜一生，快樂滿足的祕訣，盡在書中。

台北醫學大學 公共衛生暨營養學院 教授
癌症關懷基金會 董事
韓柏檉

我不是專業烘焙師！

和丁松筠神父認識好些年了，常常被他的風趣和樂觀的人生所感染。有一天丁神父告訴我，他最喜歡丁媽媽做的檸檬方塊餅，我順口提了我能有這食譜嗎？但丁神父回去後，找了很久還是沒找到，不過他卻一直放在心上。

去年的某天，他特別拿了一本泛黃的甜點食譜送我，要我好好的研究。當然他最喜歡的檸檬方塊餅也在其中，原來這就是丁媽媽留下的食譜書，我真是如獲至寶，內心充滿了感激。

丁媽媽過世了好多年，常常聽著丁神父提及母親的慈愛與好手藝。在那個年代，加上丁伯伯早逝，要一手撫養 3 個孩子，經濟並不寬裕，孩子愛吃什麼都要自己動手做，所以我提議將丁媽媽的食譜，還有以前我在教會時，美國師母教我做的一些甜點，重新整理，改良成減糖的配方，彙集成一本有著媽媽的愛的食譜，可以讓更多人看見。

我非常愛做甜點，沒有太多技巧，卻喜歡簡單又天然的食材，做出好吃的甜點，雖然沒有太多裝飾，我相信卻有種濃濃的愛。這些年常常做甜點送給許多好友品嘗，自己動手做，多了份誠意和用心，我相信這是給家人和朋友最好的禮物。

原本以為出版了第一本甜點書後，應該不會再有第二本了，雖然我不是專業的烘焙師，只是因為喜歡跟著教會的牧師、師母們學習，學會些家庭烘焙的樂趣，但我相信這些簡單的甜點卻充滿了媽媽的愛。盼望能夠把這份愛可以分享下去，這一切都是上帝的恩典，盼望您們會喜歡。

特別感謝
李宗盛大哥、鄭華娟老師、吳怡芬總監、坣娜、光良、彭佳慧、韋禮安和韓柏檉教授，您們最棒的推薦文。

感謝關思屏關哥，謝謝您的包容，提供溫馨小廚房，讓我能夠做出一道道美味的甜點。

彭斯民老同事的大力支持和鼓勵。

陳星宏的封面攝影。

謝謝大家

賈漢生

攝影／陳星宏

充滿母愛的甜點

翻譯／馮益峰

漢生自製的蛋糕、甜點、總會在第一眼激發起人的食慾、讓人不禁食指大動、親嘗一大口。而漢生對各類糕點食譜追求的狂熱，尤其是不尋常的食譜，更是到了瘋狂的地步，是什麼樣標新立異的食譜讓他窮其一生追求？是什麼樣的甜點、蛋糕、餅乾會讓他頓時眉開顏笑，讓他有來自心靈、及舌尖上的感動呢？答案就是充滿著媽媽愛心與期待的家傳食譜。

普天下的媽媽們無不喜歡看到孩子們臉上的笑容，滿足地欣賞孩子們熱切地享用自製糕點，及享受孩子們的撒嬌請求，要再多吃幾片。媽媽們也知道：當他們允諾為小孩製作其喜歡的甜點後，孩子們會更快地完成功課、更勤快地分擔家事和變得更乖巧些。

正因如此，媽媽做的糕點還含有更重要的無形功能，那就是常讓人回憶起刻骨銘心、永生難忘的母愛。

當初，漢生聽到我提及先母自製檸檬餅的故事後，他便迫不及待地向我要求食譜，那時候，媽媽早已回歸上主的懷抱、安享天堂，很難來台灣親自教他如何製作，曾經風靡家鄉聖地牙哥親友們的特製甜點。但是漢生一直不死心，還勉勵我：「有志者事竟成，有天一定可以找到這份糕點食譜。」

為了先轉移他的注意力，我告訴漢生，媽媽的檸檬樹仍然生生不息，每年都會有結實纍纍的香郁檸檬，又慷慨地歡迎他有空到聖地牙哥去玩，任他要摘多少檸檬都可以。我自忖替代方案豐厚，但他仍不為所動，斬釘截鐵地追著我要食譜，並勤快地如晨鐘暮鼓般，三不五時叮嚀我試著到處找找看。為此我也只好勉強提筆，求助我的弟弟，尚健在的老鄰居及任何有關的親友們，看看他們是否保留這份特別的食譜，但經多年都苦無下文。

終於我的祈禱靈驗了，在去年聖誕節我回聖地牙哥探親，和家人聊天、重提往事時，舍弟妹在她的電腦裡不費吹灰之力地找到這一食譜。當然漢生收到後，樂不可支，而我的耳根終於恢復一些清淨。然而好景不常，過沒多久，漢生又來詢問是否能提供之前的居家生活照、小故事及有關甜點的相片，絲毫不改他對製作糕點的狂熱初衷，和大方地分享他創造及發現新食譜的奇妙歷程。

漢生在這本食譜充分展現其對糕點製作的才華，而我忝為損友，有這份榮幸，能提供其中一道家傳祕方。希望這本富有眾媽媽們慈祥味道、加上漢生巧思設計、精心製作的蛋糕食譜，能夠帶領讀者們，重溫生命中受感動的甘甜滋味、催喚起長眠心中的美好樂章。

丁松筠
2016 年 1 月 21 日

Desserts infused with Mother's Love

Have you ever found yourself gazing at one of Jia Hansheng's delicious desserts and found that you had suddenly become very hungry and felt a strong urge to reach out, pick it up, and take a big bite out it?

Actually, Hansheng, too, feels this same hunger, this same urge to reach out— but not for his own desserts! No, he is always hungry for new recipes and for a special kind of recipe! What kind of recipe? Desserts, cakes and cookies, of course, but what else? Hansheng is convinced that a mother's recipe is always the best. Why? Because a mother put love into her baking.

A mother loves to see the smile of delight on the faces of her children as they eagerly reach for second and third helpings. She want to hear them begging for more of her own special cakes and cookies. She knows that when she promises to bake her children favorite desserts, they will finish their homework more quickly, finish doing their chores on time, and be less naughty.

Desserts have many useful functions, but the most important is that they are concrete and unforgettable signs of the love a mother has for her children.

When Hansheng heard the story of my mother's lemon bars, he could not wait to get a copy of the recipe. I reminded him that my mother had already died and gone to heaven; and that she was no longer available to visit him here in Taiwan to demonstrate her special technique for creating desserts that had become famous among her neighbors in California. Hansheng said that he was sure I could find a copy of the recipe if I just kept searching.

I told Hansheng that my mother's lemon tree was still producing delicious lemons and that he was welcome to travel to California and pick as many as he liked. No, he told me; he already had plenty of good lemons; he needed to get his hands on that recipe and would keep pestering me until I found it.

I wrote to my brothers, to my mother's friends and neighbors, to everyone I could think of, but no one seemed to be able to find a copy of that rare and precious recipe. I was beginning to doubt its existence, but Hansheng kept asking, calling, and begging me to find it.

Finally, last Christmas when I was visiting my youngest brother in San Diego, I happened to mention the lost recipe again, and in 5 minutes my sister-in-law handed me a copy that she had saved in her computer. At last! Finally, Hansheng would be satisfied, and I would be left in peace!

But not yet! For this book, Hansheng wanted photos of my mother, photos of lemon bars, and more stories about my mother and her baking! As I said, Hansheng is always hungry for more of anything that has to do with creating new and special desserts. And he loves to share with everyone what he has discovered and created.

That is his gift to you in this book. I am delighted to have been a small part of his search for these special recipes. May this book light up your life with the fabulous tastes of Hansheng's heavenly creations and all the flavors of a mother's love!

Jerry Martinson, SJ
January 21, 2016

攝影／陳星宏

Chapter 1 鹹甜塔派 *Sweet / Savory Pies and Tarts*

Chapter 2 人氣蛋糕 *Most Popular Cakes*

Chapter 3 水果蛋糕 *Cakes with Fruit*

Chapter 4 起士蛋糕 *Cheese Cakes*

Chapter 5 小點心 *Snacks*

來自聖地牙哥，滿載愛的檸檬餅

結實纍纍的檸檬樹和一份檸檬餅的私房作法，
串起母親對孩子的愛，道盡孩子對母親的思念。

圖片提供／丁松筠

在《媽媽教我做的糕點》這本書裡，要說的是一個愛與分享的故事，是丁松筠和丁松青兩位神父的母親莉莉瑪丁森（Lily Martinson），藉著美式傳統家庭甜點的分享，展現對孩子、對朋友和教友的愛；兩兄弟則透過分享母親的甜點作法，把這份溫暖與感動傳送給更多有愛的人。

說著一口流利中文的丁松筠神父，是台灣人所熟悉的「阿兜仔」。 他的正職是光啟社副社長，既會演戲也主持節目，來台近五十年來，就像一部紀錄片，見證現代台灣的蛻變。

和丁松筠神父結緣是在朋友經營的義式餐廳，比鄰而坐的我們，在朋友介紹之下認識，因為同樣重視朋友和喜歡美食，有空閒時間，就會相約聚餐。後來因緣際會暫租光啟社的辦公空間，有空自製手工蛋糕時，也不忘分享給丁松筠神父。那時丁松筠神父就曾在品嘗後說，跟他媽媽做的蛋糕口味相近。

一份無私的母愛，成為夢想的支柱

丁松筠神父從小就希望自己能像史懷哲一樣到非洲行醫，後來進入天主教耶穌會，如願到海外從事服務工作，民國 56 年因分發來到臺灣，在輔仁大學教大學生「人生哲學」。喜愛音樂的丁松筠神父，巧思想出寓教於「樂」的教學法，上課邊彈吉他邊唱歌，從分享歌曲的故事來談哲理，結果不但學生從中學習到很多正確的人生觀，他悠揚的歌聲、驚人的渲染力，更是被耶穌會高層看中，轉而派他到光啟社做電視節目，影響更多的人。而丁松筠神父能堅定朝著夢想大步前進的最大後援力量，毫無疑問就是丁媽媽——莉莉瑪丁森。

丁松筠（左）、丁松青（右）與母親（中）的合影。

丁松筠神父曾說，由於父親早逝，由母親獨自扶養家中三兄弟，兄弟們則自小利用課餘時間打工分擔家計。丁松筠神父高中畢業時，受到打工同伴及同學打算投身神職影響，決定擔任神父。雖然家境不寬裕，但重視孩子未來的

丁媽媽仍為三兄弟各存一筆上大學的教育基金，這也使得丁松筠神父在高中畢業前，對修道的決定一直難以說出口。有一天丁松筠神父忍不住了，才對媽媽說出自己將到 Losgatos（在舊金山和聖荷西之間的一個小地方）修道的決定。

丁松筠神父說媽媽剛聽到他的決定時，不發一語，幾秒鐘後還是協助他把學校申請表格填好。但丁松筠神父覺得自己從小個性調皮，所以媽媽不相信他會成為神父，所以在離家前去修道的那一天，丁媽媽還是告訴他，教育基金存在銀行裡，隨時可以回來。後來丁松筠神父發了終身願，爾後他的大弟丁松青同樣投入神職，丁媽媽把兩個兒子都奉獻給天主。丁松筠神父說成為一名神父，有人以為是他犧牲，其實犧牲最多的是丁媽媽；尤其當丁松青也走上這條路後，丁媽媽更得忍受孤單。

最幸福的一刻——嘗一口媽媽手作點心

不過，充滿愛心的丁媽媽，其實並不孤單。在丁松青神父進入耶穌會後，丁媽媽開始當義工，到教堂當神父祕書和學校的祕書；碰到小朋友受傷，但父母還沒到時，丁媽媽就主動去陪小孩，像褓姆也像護士阿姨。喜歡自己親手做甜點的丁媽媽，更是利用閒暇時間，做甜點分享給鄰居、教友們。

有一手好廚藝的丁媽媽，因為孩子們唸天主教學校，學費不便宜，為了省錢兼顧營養，總是親手準備餐點：早餐的烤麵包，塗上奶油、糖和肉桂混合，甜香夠味；帶著上學的午餐盒裡，有肉、有魚、有蛋白質，健康價值滿分。

丁松筠與家人的全家福。左一為丁松筠、丁媽媽、丁爸爸與丁松青。（左圖）
丁松筠（右後）、丁松青（右前）與母親（左）的合影。（右圖）

丁松青神父喜歡吃甜點，丁媽媽用水果等天然食材，加上奶油起士（cream cheese），沒有添加任何化學物質，盡量保持食材原貌，做出丁松青最喜歡的檸檬餅、天使蛋糕等好吃、好香的點心。

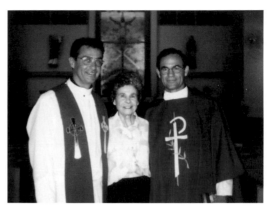

丁松筠（左）、丁松青（右）身著神職人員的服裝與母親（中）合照留影。

愛孩子的丁媽媽，有空就會做各式甜點，讓孩子下課回家後當點心。因為甜點色香味俱全，光用眼睛看就讓人很想吃，但當時的丁松筠神父沒得到媽媽允許，偷偷吃又怕被媽媽發現。有一次，神父靈機一動，掀開甜點的保存蓋，拿出一塊從邊邊切下一小片，再放回去；他如法泡製，每一塊都切下一小片後再蓋上蓋子，總數沒有少，又能吃得到，這可讓他非常開心。提到這段童年往事時，丁松筠神父總是笑著說，媽媽可能知道，但從來沒說破。而且因為媽媽手藝好，做成的甜點令人愛不釋手又捨不得吃，連點心盤上剩下的渣渣，都用手指沾起來舔乾淨，絕不浪費。

遇上特殊節日，丁媽媽也會做特殊口味的蛋糕，像是每年感恩節的蘋果派、南瓜派和聖誕節的水果蛋糕（fruit cakes）。不喝酒的丁媽媽，為了做水果蛋糕，每年一定會買一瓶甜葡萄酒，用來醃果乾，一次做好幾個，可以放上一段時間。這段時間也是丁家三兄弟最開心的時候，每天都可以帶一塊好吃蛋糕到學校。即使在丁松筠、丁松青兩位神父修道時，丁媽媽也會帶著水果蛋糕去看他們，是當時生活的小確幸。

最難忘的檸檬餅滋味

遺憾的是，丁媽媽雖有一身好廚藝，三兄弟卻都沒學到，不過儘管如此，丁媽媽要求他們學做簡單的料理，如煎蛋、三明治，以免餓死。多年前丁媽媽生病時，已高齡八十多歲，當時丁松筠、丁松青神父輪流從台灣回美國照顧媽媽。丁松筠神父說起一段小故事，丁媽媽想吃綠色花椰菜，教丁松筠神父把菜放進熱水中汆燙，他隨口問起如何判斷熟度，丁媽媽叫他拿筷子插插看。丁松筠神父很幽默的說，那時還想叉子又不會說話，如何顯示？後來才知道叉子插得進去，就表示蔬菜熟了。

丁松筠與母親的合影。

從那時候起,他開始陪媽媽做菜,未來可能做給有需要的人吃。幫媽媽切菜,做義大利麵,丁媽媽看到他不知道怎麼切蒜,索性將切蒜工具讓丁神父帶回台灣,直到現在,他每次用到這工具,忍不住會想起媽媽。

和丁松筠神父認識這麼些年來,不但常常被他的風趣和樂觀的人生所感染,也對他經常說起母親的甜點故事充滿好奇心。有一天丁松筠神父告訴我,對兄弟們來說,最難忘的還是媽媽的檸檬方塊餅。在美國聖地牙哥的老家後院裡,有一株檸檬樹,長得很好,每逢產季,結果豐碩,丁媽媽就會忙著採下新鮮檸檬,親手做檸檬餅(lemon bar)。當教會辦活動,或應邀去別人家作客、吃飯,甚或來台灣時,丁媽媽都會帶著親手做的檸檬餅分享給大家,在教會團體中很相當有名。

幾年前丁媽媽過世,舉辦追思彌撒,丁松青神父在追思媽媽時,想起最想念媽媽的檸檬餅滋味,就把後院檸檬樹上結實纍纍的檸檬全採下,附上丁媽媽的檸檬餅作法,一份一份送給來送別母親的鄰居、教友、親戚們帶回去。令丁家兄弟感動的是,朋友們有感於丁媽媽的愛,收到檸檬和食譜後,在丁媽媽追思彌撒後的數週內,送上自己親手做的檸檬餅分享給丁家兄弟。

將愛化作食譜,以甜點分享愛與幸福

我順口問丁神父能不能有這食譜嗎?但丁松筠神父回去後,找了很久還是沒有找到,這件事也就暫時擱下了。直到去年的某一天,他特別拿了一本泛黃的甜點食譜送我,要我好好的研究,當然他最喜歡的檸檬方塊餅也在其中,原來這就是丁媽媽留下的食譜書,丁松筠神父返美過聖誕節,在弟媳幫忙下找到的。當時丁松筠神父曾經告訴我,音樂、甜點都是藝術,也都是才能。尤其做甜點要有創意、有愛心,要能替別人著想,更能成就好蛋糕。他認為媽媽透過甜點傳遞關心和愛,把愛心放在裡面,愛鄰居、愛朋友,把愛分送給別人;他把媽媽的甜點食譜送給我,

希望我和丁媽媽一樣把愛放在裡面，支持鼓勵我用甜點分享愛。我真是如獲至寶，內心充滿了感激。

多年前我離開唱片業的工作後，投入教會醫院服務，擔任志工，關懷社會、關懷老人，更曾透過甜點創作，成功協助籌募羅東聖母

丁家兄弟與母親的在家中拍照留影。

醫院建老人醫療大樓基金；也以甜點，撫慰了許多朋友的心靈。雖然我擁有的資源不多，但在這條看似孤單的奮鬥路途中，得到如丁松筠神父等諸多好友協助，才能繼續堅持做有意義的事情。

對我來說，上帝給人不同的恩賜，做不同的事，人要互相給予，甜點是一種很棒的工具、很好的媒介，讓我可以幫助很多人。而聽到丁媽媽對丁神父的感情，讓我想到何不將丁媽媽的食譜，還有以前我在教會時，美國師母教我做的一些甜點，重新整理，改良成減糖的配方，彙集成一本有著媽媽愛心的食譜，可以讓更多人看見。於是我和丁松筠神父一起攜手寫下這本《媽媽教我做的糕點》，讓丁媽媽充滿愛心的檸檬餅，和多位宣教士媽媽們的糕點，不只在美國聖地牙哥吃得到，在台灣也能吃得到，讓愛隨著甜點，散播到全世界，讓每一個家庭、每個地方都成為充滿愛的角落。

※ 本書部分收入將捐助門諾基金會籌建花東老人綜合服務中心

（賈漢生口述，翁瑞祐整理）

開始之前——認識常用模具 & 計量方法

常用模具

草莓起士派、美式胡桃布朗尼、維多利亞蛋糕、藍莓蛋糕、檸檬瑪德蓮……等種類繁多的甜點，形狀外觀有著不同變化。隨著蛋糕的類型所應用的模具也不盡相同，為你介紹本書常用的蛋糕模具。

活動圓模

圓模底部可與框模分離，可使蛋糕方便脫模，常用的尺寸約為 6 ～ 8 吋。

6 格馬芬烤盤

常用於烘烤馬芬蛋糕，只要在模具內部抹少許油，放上紙模，即可裝入麵糊。

長條烤模

適合用於烘烤磅蛋糕，使用時於模具內抹少許油，撒上麵粉，或是擺放烘焙紙。

方形烤模

可用來烘烤布朗尼或是重奶油蛋糕，使用的方式與長條烤模相同。

瑪德蓮烤盤

這種貝殼形狀的烤盤，較常用於製作瑪德蓮蛋糕。烤盤材質分作金屬、矽膠。

圓形塔模

此類型的模具應用在派塔製作上，可以選用分離式的模具，易於脫模。

12 格方型馬芬烤盤

烤盤格數較多，可烤出數量較多的蛋糕，使用方法與杯子烤盤相同。

花型中空模具

適用於烘烤重奶油蛋糕，模具材質除了金屬，也有矽膠，可依個人喜好使用。

計量方法

本書的食譜由丁松筠神父的母親及外國牧師娘所流傳下來，保留原本食譜的計量單位「杯」、「匙」。以下說明量杯、量匙的度量方法，並附上材料單位換算表作為參考。

量杯

本書使用的量杯為1杯240ml，於杯身的表面有1/4、1/2、3/4的記號，代表1/4杯、1/2杯、3/4杯，可依此作為基準，推算所需使用的容量。

量匙

常用於舀取少量的材料，從左至右為1大匙、1/4小匙、1/2小匙、1茶匙。

材料單位換算表

材料	1 杯	1 大匙
奶油	227g	13g
麵粉	120g	7g
可可粉	112g	7g
細砂糖	200g	12g
黑糖	140g	8 g
蜂蜜	330g	20g
牛奶	240g	16g
碎核果	114g	7g

Chapter 1
Sweet / Savory
Pies and Tarts
鹹甜塔派

媽媽是世界上最有創意的魔術師，
庭院裡結實纍纍的檸檬樹、鄉下舅舅家棚架上
各式各樣的南瓜……
摘下果子，切切、揉揉、捏捏，撒些神奇調味
料，大手一揮，
變出了檸檬餅、南瓜派、野菇鹹派……
沒有華麗裝飾，吃到的就是媽媽滿滿的愛。

草莓起士塔
Strawberry Cheese Tart

草莓起士塔
Strawberry Cheese Tart

份量：1 個／ 模具：7 吋菊花模

Ingredients
材　料

甜派皮的材料

無鹽奶油……………………… 120g
細砂糖………………………… 70g
雞蛋…………………………… 1 個
中筋麵粉……………………… 240g
杏仁粉………………………… 20g
鹽…………………………… 少許

內餡的材料

奶油起士……………………… 125g
細砂糖………………………… 1/4 杯
雞蛋…………………………… 1 個
香草精………………………… 1 茶匙
酸奶…………………………… 1 大匙
草莓………………………… 15 〜 20 顆

裝飾的材料

果膠…………………………… 適量

How to make
作　　法

01 製作甜派皮。無鹽奶油置於室溫下軟化備用。

02 軟化的奶油、細砂糖放入攪拌盆以打蛋器進行攪打。

03 攪打至奶油顏色呈泛白，放入雞蛋攪拌均勻。

04 加入過篩的中筋麵粉、杏仁粉、鹽輕輕揉成團後，用保鮮膜包覆麵團，放入冰箱1小時冷藏備用。

05 取出麵團，撕下保鮮膜，以擀麵棍擀成0.5公分厚的派皮，鋪於模具內並貼合底部和周圍邊框後再去除多餘的派皮，放入冰箱，冷藏備用。

06 製作內餡。軟化的奶油起士、細砂糖一起放入攪拌盆以打蛋器攪拌均勻。

07 加入雞蛋、香草精、酸奶拌勻。

08 內餡倒入派皮，送入已預熱到180℃的烤箱，烤35分鐘即可取出脫模。

09 待起士塔冷卻後，放上草莓。

10 在草莓表面刷上一層薄薄的果膠作為裝飾。

楓糖胡桃小塔
Maple Pecan Tart

份量：14 個／ 模具：7.5 公分的塔模

Ingredients
材　料

甜派皮的材料

無鹽奶油	120g
細砂糖	70g
雞蛋	1 個
中筋麵粉	240g
杏仁粉	20g
鹽	少許

內餡的材料

雞蛋	1 又 1/2 個
無鹽奶油	10g
黑糖	1/3 杯
楓糖漿	2/3 杯
香草精	1 茶匙
胡桃	375g

甜派皮沒用完，可以放冷凍保存，
下次再用。

How to make
作　法

01 甜派皮的無鹽奶油置於室溫下軟化；內餡的胡桃以150℃烤20分鐘備用。

02 製作甜派皮。（作法詳見P.29，作法1～4）

03 麵團分割成每份35g，再輕輕壓入塔模且派皮的厚度需一致，壓完後再放入冰箱冷藏備用。

04 製作內餡。雞蛋打散成蛋液備用；以隔水加熱的方式使奶油融化。

05 待奶油完全融化後，即停止隔水加熱。加入雞蛋液、黑糖、楓糖漿、香草精以打蛋器攪拌均勻。

06 每個塔模放入25g的胡桃後，倒入內餡約8分滿，送入已預熱到200℃的烤箱，烤30分鐘後即取出脫模。

檸檬塔
Lemon Tart

❖❖❖

份量：1個／ 模具：8吋菊花派盤

—— Ingredients ——
材　料

派皮的材料

中筋麵粉⋯⋯⋯⋯⋯⋯⋯⋯⋯ 200g

鹽⋯⋯⋯⋯⋯⋯⋯⋯⋯⋯⋯ 1 茶匙

細砂糖⋯⋯⋯⋯⋯⋯⋯⋯⋯ 1 茶匙

無鹽奶油⋯⋯⋯⋯⋯⋯⋯⋯ 100g

杏仁粉⋯⋯⋯⋯⋯⋯⋯⋯⋯⋯10g

冰水⋯⋯⋯⋯⋯⋯⋯⋯⋯⋯ 適量

內餡的材料

檸檬汁⋯⋯⋯⋯⋯⋯⋯⋯⋯⋯75g

檸檬皮⋯⋯⋯⋯⋯⋯⋯⋯⋯ 1 顆

無鹽奶油⋯⋯⋯⋯⋯⋯⋯⋯⋯60g

細砂糖⋯⋯⋯⋯⋯⋯⋯⋯⋯⋯90g

香草精⋯⋯⋯⋯⋯⋯⋯⋯⋯ 1 茶匙

雞蛋⋯⋯⋯⋯⋯⋯⋯⋯⋯⋯ 3 個

玉米粉⋯⋯⋯⋯⋯⋯⋯⋯⋯⋯10g

Tips

將烘焙重石放在派皮上，送入烤箱
烘烤即為盲烤。

—— How to make ——
作　法

01 先製作派皮。中筋麵粉、鹽、細砂糖混合後過篩；奶油切成丁備用。

02 作法1的材料放入攪拌盆，用指尖輕捏奶油丁，使奶油與麵粉融合。

03 加入杏仁粉拌勻後，慢慢倒入冰水混合成團，用保鮮膜包起麵團，放入冰箱冷藏1小時。

04 取出麵團擀成厚約0.6公分的派皮，鋪於模具內並貼合底部和周圍邊框後再去除多餘的派皮。

05 將烘焙紙鋪在派皮上，放入烘焙重石，送入已預熱到180℃的烤箱，烤20分鐘，移除烘焙紙、烘焙重石，續烤10分鐘即取出。

06 製作內餡。檸檬汁、檸檬皮、奶油、細砂糖放入小鍋子以中小火加熱至融化即可。

07 香草精、雞蛋、玉米粉放入乾淨的攪拌盆，以打蛋器拌勻。

08 作法6的內餡倒入作法7的材料混勻，倒回小鍋子，以小火煮至濃稠，過程中需不停攪拌，以防底部煮焦。

09 待內餡微涼後，再倒入已烤好的派皮，表面放上檸檬皮為裝飾。

碎頂蘋果派
Crumb-Topped Apple Pie

❖━━━━━━━━━━━━━━❖

份量：1 個／ 模具：9 吋的派盤

―――― *Ingredients* ――――
材　料

―――― *How to make* ――――
作　法

派皮的材料
中筋麵粉⋯⋯⋯⋯⋯ 1 又 1/4 杯
鹽⋯⋯⋯⋯⋯⋯⋯⋯ 1/4 小匙
無鹽奶油⋯⋯⋯⋯⋯⋯ 1/3 杯
冰水⋯⋯⋯⋯⋯⋯ 3 ～ 4 大匙

內餡的材料
蘋果片⋯⋯⋯⋯⋯⋯⋯ 6 杯
檸檬汁⋯⋯⋯⋯⋯⋯⋯ 3 茶匙
細砂糖⋯⋯⋯⋯⋯⋯⋯ 1/2 杯
中筋麵粉⋯⋯⋯⋯⋯⋯ 2 大匙
檸檬皮屑⋯⋯⋯⋯⋯⋯ 1 茶匙

碎餅乾頂的材料
細砂糖⋯⋯⋯⋯⋯⋯⋯ 1/2 杯
中筋麵粉⋯⋯⋯⋯⋯⋯ 1/2 杯
肉桂粉⋯⋯⋯⋯⋯⋯⋯ 1 茶匙
無鹽奶油⋯⋯⋯⋯⋯⋯ 1/4 杯

Tips

製作派皮時，冰水需依派皮的製作
情況調整加入。

烤好時趁熱享用，可以在蘋果派上
放一球香草冰淇淋，更添風味。

01 先製作派皮。中筋麵粉、鹽混合
後加入冰鎮過的無鹽奶油用指尖
輕輕混入麵粉。

02 再慢慢倒入冰水混合成團，以保
鮮膜將麵團包裹，放置冰箱冷藏1
小時。

03 取出麵團，撕下保鮮膜，用擀麵
棍擀成0.6公分厚的派皮。

04 派皮鋪於模具內並貼合底部和周
圍後，去除多餘的派皮。

05 製作內餡。蘋果片、檸檬汁、細
砂糖、中筋麵粉、檸檬皮屑放入
攪拌盆拌勻。

06 內餡倒入派皮後，以橡皮刮刀鋪
平餡料。

07 製作碎餅乾頂。細砂糖、中筋麵
粉、肉桂粉、冰鎮過的無鹽奶油
放入攪拌盆用指尖搓揉成餅乾碎
屑狀。

08 將碎餅乾頂鋪在內餡上，送入已
預熱到200℃的烤箱，烤55～60分
鐘。表面呈金黃色即可取出脫模。

巧克力胡桃派
Chocolate Pecan Pie

份量：1 個／ 模具：6.5 吋的菊花塔模

—— Ingredients ——
材 料

甜派皮的材料
無鹽奶油……………………… 120g
細砂糖……………………………70g
雞蛋……………………………… 1 個
中筋麵粉……………………… 240g
杏仁粉……………………………20g
鹽……………………………… 少許

內餡的材料
胡桃……………………………… 150g
雞蛋……………………………… 1 個
細砂糖………………………… 1/4 杯
楓糖漿………………………… 1/4 杯
巧克力醬……………………… 1/4 杯
香草精………………………… 1 茶匙
無鹽奶油……………………………5g

—— How to make ——
作 法

01 甜派皮的無鹽奶油置於室溫下軟化；內餡的胡桃以150℃烤20分鐘備用。

02 製作甜派皮。（作法詳見P.29，作法1~5）

03 甜派皮上放入烤好的胡桃。

04 製作內餡。雞蛋、細砂糖、楓糖漿、巧克力醬、香草精、無鹽奶油放入攪拌盆以打蛋器拌勻。

05 將內餡倒入甜派皮上，送入已預熱到200℃的烤箱，烤60分鐘後取出脫模。

Tips

沒用完的派皮，可放置冷凍保存。

丁媽媽的檸檬餅
Mommy Martinson's Lemon Pie

份量：1個／模具：21cm×22cm×5cm 的四方形烤盤

—— Ingredients ——
材 料

派皮的材料

中筋麵粉⋯⋯⋯⋯⋯⋯⋯⋯⋯ 1 杯
細砂糖⋯⋯⋯⋯⋯⋯⋯⋯⋯ 1/4 杯
無鹽奶油⋯⋯⋯⋯⋯⋯⋯⋯ 100g
鹽⋯⋯⋯⋯⋯⋯⋯⋯⋯⋯ 1/4 小匙
雞蛋⋯⋯⋯⋯⋯⋯⋯⋯⋯ 1/2 個

內餡的材料

細砂糖⋯⋯⋯⋯⋯⋯⋯ 1 又 1/4 杯
泡打粉⋯⋯⋯⋯⋯⋯⋯⋯⋯ 1 茶匙
雞蛋⋯⋯⋯⋯⋯⋯⋯⋯⋯⋯ 3 個
檸檬汁⋯⋯⋯⋯⋯⋯⋯⋯⋯ 1/2 杯
檸檬皮屑⋯⋯⋯⋯⋯⋯⋯⋯ 1 顆
中筋麵粉⋯⋯⋯⋯⋯⋯⋯⋯ 1/2 杯

裝飾的材料

糖粉⋯⋯⋯⋯⋯⋯⋯⋯⋯⋯ 適量

Tips

檸檬餅放入冰箱冷藏，讓味道更加可口！

—— How to make ——
作 法

01 先製作派皮。中筋麵粉、細砂糖、鹽過篩混合後放入攪拌盆，加入切丁的奶油，用手捏成餅乾碎屑。

02 加入打散的雞蛋混合成麵團，放入冰箱冷藏20分鐘。

03 將麵團平壓貼合烤盤底部，送入烤箱，以180℃烤20分鐘後取出待冷卻。

04 製作內餡。細砂糖、泡打粉、雞蛋、檸檬汁、檸檬皮屑和中筋麵粉放入攪拌盆，以打蛋器拌勻。

05 內餡慢慢倒入烤好的派皮，送入以180℃預熱的烤箱，烤35～40分鐘後取出。

06 待檸檬餅冷卻後脫模，撒上糖粉為裝飾，即可切塊食用。

田園野菇鹹派
Veggie Mushroom Pie

田園野菇鹹派
Veggie Mushroom Pie

份量：2 個／模具：8 吋圓型派模

Ingredients
材　　料

全麥派皮的材料

無鹽奶油	90g
高筋麵粉	100g
低筋麵粉	50g
全麥麵粉	50g
雞蛋	1 個
冰水	30g
鹽	少許
蛋液	適量

蛋奶液的材料

雞蛋	5 個
牛奶	60g
酸奶	40g
鹽	少許
黑胡椒	少許

內餡的材料

綜合菇	300g
奶油	20g
綜合義大利香料	少許
鹽	適量
黑胡椒	適量
法式芥末醬	2 茶匙
披薩起司絲	60 ～ 80g

How to make

作　法

01 先製作全麥派皮。冰鎮的無鹽奶油切成小塊備用。

02 奶油塊、高筋麵粉、低筋麵粉和全麥麵粉用指尖搓揉混合，直至奶油如同黃豆般的大小即可。

03 在奶油麵粉中間挖個洞，倒入打散的雞蛋液、冰水和鹽混合揉成麵團。

04 麵團先以烘焙紙包裹起來，接著包覆一層保鮮膜，放入冰箱冷藏1～2小時。

05 取出麵團，撕下保鮮膜，用擀麵棍擀成0.5公分厚的派皮，鋪於模具內並貼合底部和周圍邊框後，去除多餘的派皮。

06 派皮表面鋪上一張烘焙紙，放入烘焙重石送入已預熱到180℃的烤箱烤10分鐘，取出烘焙重石、烘焙紙，刷上蛋液，續烤10分鐘即取出放涼。

07 製作蛋奶液。雞蛋、牛奶、酸奶放入攪拌盆以打蛋器拌勻，撒入鹽、黑胡椒混合。

08 製作內餡。綜合菇清淨後切成一樣的大小。

09 奶油、綜合菇放入炒鍋拌炒，加入綜合義大利香料、鹽、黑胡椒炒3～5分鐘至菇類變軟即可。

10 把菇類的湯汁瀝乾後，拌入法式芥末醬。

11 內餡平鋪在烤好的派皮上，倒入蛋奶液，撒上披薩起司絲，放入已預熱到180℃的烤箱，烤約18～22分鐘至熟即可。

Tips

綜合菇可選用蘑菇、杏鮑菇做搭配。

藍莓起士派
Blueberry Cheese Pie

份量：1個／ 模具：7.5 吋四方形烤模

Ingredients 材　料

餅乾酥粒的材料

無鹽奶油⋯⋯⋯⋯⋯⋯⋯⋯50g
中筋麵粉⋯⋯⋯⋯⋯⋯⋯ 1/2 杯
細砂糖⋯⋯⋯⋯⋯⋯⋯⋯ 1/3 杯
泡打粉⋯⋯⋯⋯⋯⋯⋯⋯ 1 茶匙
檸檬皮屑⋯⋯⋯⋯⋯⋯⋯ 1/2 顆

藍莓起士蛋液的材料

奶油起士⋯⋯⋯⋯⋯⋯⋯ 250g
細砂糖⋯⋯⋯⋯⋯⋯⋯⋯ 1/3 杯
雞蛋⋯⋯⋯⋯⋯⋯⋯⋯⋯ 2 個
香草精⋯⋯⋯⋯⋯⋯⋯⋯ 1 茶匙
藍莓醬 ⋯⋯⋯⋯⋯⋯⋯⋯ 1 杯

Tips

冷藏後，口味更佳。

How to make 作　法

01 先製作餅乾酥粒。無鹽奶油切成小丁備用。

02 中筋麵粉、細砂糖、泡打粉、檸檬皮屑放入攪拌盆，以打蛋器攪拌均勻。

03 奶油丁放入作法2的材料中，用指尖充分混合材料，即放置冰箱冷藏備用。

04 製作藍莓起士蛋液。奶油起士置於室溫放軟，與細砂糖放入乾淨的攪拌盆，以打蛋器攪打均勻，即為起士蛋液。

05 分2次加入雞蛋，每加入1顆需攪打均勻，才能加入下1顆蛋。

06 加入香草精混合均勻。

07 將餅乾酥粒一半的份量鋪滿烤模底部，倒入作法4的起士蛋液。

08 用湯匙舀起一匙一匙的藍莓醬放入起士蛋液。

09 在起士蛋液的表面撒上另一半的餅乾酥粒，放入已預熱到170℃的烤箱，烤40～45分鐘。

10 烤好後取出，放涼後即可食用。

碎頂南瓜派
Crumb-Topped Pumpkin Pie

份量：1 個／模具：8 吋派模

—— Ingredients ——
材 料

肉桂甜派皮的材料

中筋麵粉……………………………1 杯
肉桂粉………………………………1 茶匙
細砂糖………………………………1/4 杯
鹽……………………………………少許
無鹽奶油……………………………4 大匙
雞蛋…………………………………1 個

碎餅乾屑的材料

中筋麵粉……………………………2 大匙
黑糖…………………………………4 茶匙
肉桂粉………………………………1 茶匙
已烤過的核桃碎……………………1 杯
無鹽奶油……………………………2 大匙

內餡的材料

南瓜泥………………………………1 杯
香草精………………………………1 茶匙
細砂糖………………………………1/3 杯
鹽……………………………………1 茶匙
雞蛋…………………………………1 個
奶水…………………………………1/3 杯

Tips

材料的南瓜泥可用南瓜泥罐頭替代。

—— How to make ——
作 法

01 製作肉桂甜派皮。中筋麵粉、肉桂粉、細砂糖、鹽混合均勻；冰鎮的奶油切成小塊備用。

02 奶油塊放入粉類中用指尖輕輕揉合均勻。

03 雞蛋打散後加入作法2的材料輕揉成團，以保鮮膜包裹起來，放入冰箱冷藏30分鐘。

04 取出麵團，撕下保鮮膜後，直接將麵團壓入派模內，約0.5公分的厚度，放入冰箱冷藏備用。

05 製作碎餅乾屑。中筋麵粉、黑糖、肉桂粉、核桃碎放入攪拌盆，加入奶油用指尖捏成碎屑，放入冰箱冷藏備用。

06 製作內餡。南瓜泥、香草精、細砂糖、鹽、雞蛋、奶水放入攪拌盆以打蛋器攪拌拌勻。

07 內餡倒入派皮中，送入已預熱到180℃的烤箱，烤20分鐘即取出。

08 撒上碎餅乾屑，送入烤箱，續烤40分鐘即可。

洛林法式鹹派
Quiche Lorraine

❖────────────❖

份量：2個／模具：8吋圓型派模

────── *Ingredients* ──────
材　料

全麥派皮的材料

無鹽奶油	90g
高筋麵粉	100g
低筋麵粉	50g
全麥麵粉	50g
雞蛋	1個
冰水	30g
鹽	少許
蛋液	適量

蛋奶液的材料

雞蛋	3個
牛奶	120g
鮮奶油	80g
鹽	少許
黑胡椒	少許

內餡的材料

培根	160g
洋蔥	1顆
披薩起司絲	80g

────── *How to make* ──────
作　法

01 先製作全麥派皮。（作法詳見P.43，作法1～5）

02 派皮表面鋪上一張烘焙紙，放入烘焙重石，送入已預熱到180℃的烤箱，烤10分鐘，取出烘焙重石、烘焙紙，刷上蛋液續烤10分鐘即取出放涼。

03 製作蛋奶液。雞蛋、牛奶、鮮奶油放入攪拌盆以打蛋器拌勻後，以鹽、黑胡椒調味即可。

04 製作內餡。培根切成約1.5公分的條狀；洋蔥切成小丁。

05 取炒鍋以小火熱鍋後，放入培根乾炒成焦脆，加入洋蔥丁以小火炒熟，且顏色呈金黃色即可。

06 內餡放在烤好的派皮上，再鋪上起司絲，倒入蛋奶液，送入已預熱到180℃的烤箱，烤20～25分鐘至蛋液凝結熟透即取出。

巧克力起士塔
Chocolate Cheese Tart

份量：1個／模具：7吋菊花模

── Ingredients ──
材　料

甜派皮的材料
無鹽奶油……………………120g
細砂糖…………………………70g
雞蛋……………………………1個
中筋麵粉……………………240g
杏仁粉…………………………20g
鹽………………………………少許

內餡的材料
奶油起士……………………125g
細砂糖………………………1/4杯
雞蛋……………………………1個
香草精………………………1茶匙
可可粉…………………………15g
酸奶…………………………1大匙

甘那許巧克力醬的材料
鮮奶油…………………………60g
苦甜巧克力……………………50g
蜂蜜……………………………10g

── How to make ──
作　法

01 先製作甜派皮。（作法詳見P.29，作法1～5）

02 製作內餡。軟化的奶油起士、細砂糖放入攪拌盆以打蛋器攪拌。

03 加入雞蛋、香草精、可可粉、酸奶一起拌勻。

04 內餡倒入甜派皮，送入已預熱到180℃的烤箱，烤35分鐘即取出脫模待冷卻。

05 製作甘那許巧克力醬。鮮奶油倒入小鍋子中以小火加熱，待沸騰後關火。

06 熱鮮奶油倒入裝有苦甜巧克力的容器，以打蛋器攪拌至巧克力完全溶化。

07 拌入蜂蜜，倒入已冷卻的起士派上。

Chapter2
Most Popular Cakes
人氣蛋糕

什麼樣的口感,能讓 1 歲到 99 歲的人都著迷?
香濃?軟嫩?彈牙?扎實?還是 QQ ?
媽媽的甜點祕笈裡,
隱藏著大家最想知道的答案,隨著自己動手做,
有著健康形象的紅蘿蔔蛋糕、
和咖啡最速配的美式胡桃布朗尼、
人人都可做出令人著迷的人氣蛋糕。

美式胡桃布朗尼
American-style Pecan Brownies

份量：1 個／模具：7×7 吋的四方烤模

Ingredients
材 料

無鹽奶油····················· 3/4 杯
胡桃·························· 1 杯
雞蛋·························· 3 個
細砂糖····················· 1 又 1/2 杯
中筋麵粉····················· 3/4 杯
可可粉······················· 1/2 杯
泡打粉······················· 1/2 大匙
鹽·························· 1/4 小匙
香草精······················· 1 茶匙

How to make
作 法

01 無鹽奶油放入容器中，以隔水加熱的方式使奶油融化，待冷卻後備用。

02 胡桃送入已預熱到150℃的烤箱，烤15分鐘取出，以刀子切成胡桃碎備用。

03 雞蛋、細砂糖放入攪拌盆以打蛋器進行攪打。

04 攪打成蓬鬆泛白的蛋糊，加入融化的奶油以橡皮刮刀拌勻。

05 中筋麵粉、可可粉、泡打粉過篩，與鹽一同加入作法4的蛋糊裡拌勻。

06 拌至無顆粒狀，加入香草精、烤過的胡桃碎混合均勻，倒入已抹油模具，送入已預熱到180℃的烤箱，烤35～40分鐘即取出。

07 蛋糕脫模後即可切塊食用。

蜂鳥蛋糕
Hummingbird Cake

份量：1個／模具：2個8吋圓模

Ingredients
材　　料

起士抹醬的材料

奶油起士······················· 125g

糖粉····························60g

優格····························1/3 杯

麵糊的材料

雞蛋····························2 個

細砂糖··························1/2 杯

沙拉油··························1/2 杯

香蕉泥··························1/2 杯

鳳梨碎··························1/2 杯

中筋麵粉·····················1 又 1/2 杯

小蘇打粉·······················1 茶匙

泡打粉·························1 大匙

鹽····························1/2 小匙

裝飾的材料

核桃····························適量

How to make
作　　法

01 先製作起士醬。奶油起士置於室溫下軟化，一同與糖粉、優格放入攪拌盆，以打蛋器攪拌均勻。

02 製作麵糊。雞蛋與細砂糖放入攪拌盆，以打蛋器進行攪打。

03 攪打成蓬鬆泛白的蛋糊，倒入沙拉油攪拌均勻。

04 加入香蕉泥、鳳梨碎混合。

05 已過篩的中筋麵粉、小蘇打粉、泡打粉、鹽一同過篩，加入作法3的材料混合均勻。

06 將麵糊平均倒入2個已抹油的模具，放入已預熱到200℃的烤箱，烤25分鐘。

07 取出蛋糕，待冷卻後即可脫模。

08 取一塊蛋糕抹上起士醬，再蓋上另一塊蛋糕，最後擺放核桃作裝飾。

酸奶油咖啡蛋糕
Sour Cream Coffee Cake

酸奶油咖啡蛋糕
Sour Cream Coffee Cake

份量：1 個／模具：7.5 吋四方模

Ingredients
材　料

奶油酥的材料

無鹽奶油	3 大匙
中筋麵粉	1/4 杯
黑糖	1/2 杯
肉桂粉	1 茶匙
胡桃	3/4 杯

麵糊的材料

無鹽奶油	1/2 杯
細砂糖	1/3 杯
雞蛋	3 個
酸奶油	2/3 杯
中筋麵粉	2 杯
泡打粉	1 大匙
小蘇打粉	1/2 小匙
牛奶	1 大匙
香草精	1 茶匙

How to make
作　　法

01 先製作奶油酥。無鹽奶油放入攪拌盆，以隔水加熱的方式使奶油融化。

02 加入中筋麵粉、黑糖、肉桂粉、胡桃以打蛋器攪拌均勻。

03 攪拌成麵團以保鮮膜包覆，放入冰箱冷藏1小時。

04 取出麵團，撕下保鮮膜，用手將麵團捏成碎屑狀備用。

05 製作麵糊。無鹽奶油置於室溫下軟化，與細砂糖一同放入攪拌盆以打蛋器攪打。

06 攪打至奶油顏色呈泛白，分3次加入雞蛋，每加入1顆蛋需攪打均勻，才能加入下1顆蛋。

07 加入1/3杯的酸奶油以橡皮刮刀輕輕混拌。

08 中筋麵粉、泡打粉、小蘇打粉過篩後，倒入攪拌盆中拌勻，加入1/3杯的酸奶油攪拌。

09 加入牛奶、香草精拌勻。

10 在模具內先倒入一半的麵糊，撒上一半的奶油酥，再倒入剩下的麵糊，用筷子稍微攪拌。

11 奶油酥與麵糊混合後，在麵糊表面撒上剩下奶油酥，送入已預熱到180℃的烤箱，烤50分鐘。

12 取出蛋糕待冷卻，脫模取出。

萊姆酒葡萄乾蛋糕
Rum-Raisin Cake

份量：2 個／模具：2 個 21cm×8cm 長條模具

—— Ingredients ——
材　料

無鹽奶油·························· 150g
細砂糖···························· 100g
雞蛋······························· 3 個
低筋麵粉·························· 188g
泡打粉··························· 1 大匙
鹽······························· 2.5g
牛奶····························· 45ml
浸泡萊姆酒的葡萄乾········ 100g

Tips

葡萄乾浸泡至萊姆酒中，至少需 2 天。

—— How to make ——
作　法

01 無鹽奶油置於室溫下軟化，與細砂糖放入攪拌盆，以打蛋器進行攪打。

02 攪打至奶油顏色呈泛白，分3次加入雞蛋，每加入1顆蛋需攪打均勻，才能加入下1顆蛋。

03 拌入已過篩的低筋麵粉、泡打粉、鹽以橡皮刮刀混拌均勻。

04 加入牛奶、葡萄乾混合均勻，倒入模具，送入已預熱到200℃的烤箱，烤45～50分鐘。

05 取出蛋糕，放涼後即脫模。

蜂蜜杏仁蛋糕
Honey-Almond Cake

份量：1 個／ 模具：7 吋圓模

Ingredients
材　料

糖漿的材料

蜂蜜	2/3 杯
檸檬汁	1 又 1/2 大匙

麵糊的材料

無鹽奶油	1/3 杯
黑糖	1/4 杯
雞蛋	2 個
泡打粉	1 大匙
牛奶	4 大匙
蜂蜜	2 大匙
鹽	1/2 小匙
中筋麵粉	1 又 1/4 杯
烤過的杏仁片	1/2 杯

How to make
作　法

01 先製作糖漿。蜂蜜、檸檬汁放入小鍋子中，以小火煮5分鐘備用。

02 製作麵糊。無鹽奶油置於室溫下軟化備用。

03 無鹽奶油、黑糖、雞蛋、泡打粉、牛奶、蜂蜜放入攪拌盆以打蛋器攪拌均勻。

04 加入鹽、中筋麵粉以橡皮刮刀混拌均勻，倒入模具，撒上杏仁片，送入已預熱到180℃的烤箱，烤40～45分鐘。

05 取出蛋糕即可脫模。

06 在蛋糕的表面淋上糖漿即可。

胡蘿蔔蛋糕
Carrot Cake

份量：1 個／模具：2 個 7 吋圓模

──── *Ingredients* ────
材　料

起士奶油霜的材料
奶油……………………… 1/2 杯
奶油起士……………………85g
糖粉………………… 1 又 1/2 杯
香草精………………… 1 茶匙

麵糊的材料
雞蛋…………………………3 個
細砂糖……………… 1 又 1/4 杯
蔬菜油……………………… 1 杯
中筋麵粉…………… 1 又 1/2 杯
肉桂粉……………………… 1 大匙
泡打粉……………………… 1 大匙
小蘇打粉…………………… 1 茶匙
鹽………………………… 1/4 小匙
胡蘿蔔絲…………… 1 又 1/2 杯
鳳梨碎……………………… 1/2 杯
核桃（或是胡桃）……… 1/2 杯
葡萄乾……………………… 1/2 杯

裝飾的材料
核桃…………………………適量

──── *How to make* ────
作　法

01 先製作起士奶油霜。奶油置於室溫下軟化，與奶油起士、糖粉、香草精放入攪拌盆以打蛋器攪打均勻。

02 製作麵糊。雞蛋與細砂糖放入乾淨的攪拌盆以打蛋器進行攪打。

03 攪打成蓬鬆泛白的蛋糊，倒入蔬菜油以橡皮刮刀混拌均勻。

04 加入已過篩的中筋麵粉、肉桂粉、泡打粉、小蘇打粉、鹽混拌均勻。

05 拌入胡蘿蔔絲、鳳梨碎。

06 加入核桃與葡萄乾拌勻，平均倒入抹有奶油的2個模具，送入已預熱到180℃的烤箱，烤30分鐘。

07 取出蛋糕，待冷卻後即脫模。

08 取一片蛋糕抹上起士奶油霜，蓋上另一片蛋糕，再抹上起士奶油霜，最後擺上核桃裝飾。

南瓜蛋糕
Pumpkin Cake

份量：1個／模具：7吋圓模

—— Ingredients ——
材　料

雞蛋⋯⋯⋯⋯⋯⋯⋯⋯⋯2 個
細砂糖⋯⋯⋯⋯⋯⋯⋯ 1/2 杯
蔬菜油⋯⋯⋯⋯⋯⋯⋯ 1/2 杯
南瓜泥⋯⋯⋯⋯⋯⋯⋯⋯1 杯
中筋麵粉⋯⋯⋯⋯⋯ 1 又 1/2 杯
泡打粉⋯⋯⋯⋯⋯⋯⋯1 大匙
小蘇打粉⋯⋯⋯⋯⋯⋯1 茶匙
肉桂粉⋯⋯⋯⋯⋯⋯⋯1 茶匙
鹽⋯⋯⋯⋯⋯⋯⋯⋯ 1/2 小匙
核桃碎⋯⋯⋯⋯⋯⋯⋯ 1/2 杯

裝飾的材料
胡桃⋯⋯⋯⋯⋯⋯⋯⋯8 顆

—— How to make ——
作　法

01 雞蛋與細砂糖放入攪拌盆以打蛋器進行攪打。

02 攪打成蓬鬆泛白的蛋糊，倒入蔬菜油、南瓜泥以橡皮刮刀拌勻。

03 加入已過篩的中筋麵粉、泡打粉、小蘇打粉、肉桂粉與鹽混拌均勻。

04 輕輕的拌至麵糊無顆粒狀，倒入模具，撒上核桃碎與胡桃，送入已預熱到180℃的烤箱，烤60分鐘即取出脫模。

維多利亞蛋糕
Victoria Sponge Cake

份量：1 個／模具：2 個 7 吋圓模

Ingredients
材　料

無鹽奶油·······················70g
細砂糖····························120g
雞蛋·······························3 個
檸檬皮屑·······················1 顆
牛奶······························40g
低筋麵粉·······················150g
泡打粉····························1 大匙
海鹽·······························1/2 小匙
香草精····························1 茶匙
果醬·······························適量
糖粉·······························適量

Tips

果醬可以選擇草莓、藍莓、櫻桃等口味。

How to make
作　法

01 無鹽奶油切成小塊放置室溫下軟化備用。

02 奶油與細紗糖放入攪拌盆以打蛋器攪打。

03 攪打至奶油呈乳白色，分3次加入雞蛋，每加入1顆蛋需攪打均勻，再加入下1顆蛋。

04 加入檸檬皮屑、牛奶、低筋麵粉、泡打粉、海鹽、香草精以橡皮刮刀拌勻，平均倒入2個已抹油的模具，送入已預熱到200℃的烤箱，烤25分鐘。

05 取出蛋糕即可脫模，待蛋糕冷卻備用。

06 取一塊蛋糕抹上果醬後，蓋上另一塊蛋糕，再撒上糖粉即可。

椰棗蛋糕
Date Cake

份量：1個／模具：7吋四方模具

Ingredients
材　料

椰棗碎……………………… 150g
小蘇打粉………………… 1 茶匙
熱水……………………… 250g
無鹽奶油…………………… 60g
黑糖………………………… 60g
雞蛋………………………… 2 個
中筋麵粉………………… 150g
泡打粉…………………… 1 大匙
梅乾………………………… 5 個

How to make
作　法

01 椰棗碎、小蘇打粉一同放入熱水，浸泡10分鐘，瀝乾核棗碎；無鹽奶油置於室溫軟化備用。

02 奶油與黑糖放入攪拌盆以打蛋器攪打。

03 攪打至奶油顏色呈泛白，分2次加入雞蛋，每加入1顆蛋需攪拌均匀，才能加入下1顆蛋。

04 加入已過篩的中筋麵粉、泡打粉以橡皮刮刀拌匀。

05 混拌至無顆粒狀，加入椰棗碎和浸泡椰棗的溫水拌匀，倒入一半的麵糊在模具中。

06 麵糊表面鋪上切半的梅乾，倒入剩下的麵糊，送入已預熱到180℃的烤箱，烤40～45分鐘即可。

07 取出蛋糕即脫模，蛋糕放涼後即可食用。

Chapter3
Cakes with Fruit
水果蛋糕

或紅、或黃、或綠、或白，
色彩繽紛的甜甜蛋糕，滿載著思念的味道。
憶起雪白聖誕夜，餐桌上妝點著好吃果乾的
柳橙蛋糕，漫溢著香醇甜葡萄酒香氣；
想起小時候放學回家，廚櫃裡漂亮甜滋滋的
翻轉焦糖鳳梨蛋糕。
好吃又充滿回憶的水果蛋糕，令人難忘啊！

藍莓蛋糕
Blueberry Cake

份量：1 個／模具：12 格方型馬芬烤盤

———— Ingredients ————
材　料

雞蛋……………………………… 2 個
細砂糖…………………………… 1/2 杯
蔬菜油…………………………… 1/2 杯
藍莓果醬………………………… 1 杯
中筋麵粉………………… 1 又 1/2 杯
泡打粉…………………………… 1 大匙
小蘇打粉………………………… 1 茶匙
鹽………………………………… 少許

———— How to make ————
作　法

01 雞蛋、細砂糖放入攪拌盆以打蛋器進行攪打。

02 攪打成蓬鬆泛白的蛋糊，倒入蔬菜油以橡皮刮刀拌勻。

03 加入藍莓果醬混拌均勻。

04 中筋麵粉、泡打粉、小蘇打粉混合過篩。

05 把過篩的粉類與鹽分次拌入蛋糊中，倒入模具，送入已預熱到180℃的烤箱，烤30～35分鐘。

06 將烤好的蛋糕倒放即取下模具。

翻轉焦糖鳳梨蛋糕
Caramel Pineapple Upside-down Cake

翻轉焦糖鳳梨蛋糕
Caramel Pineapple Upside-down Cake

份量：1 個／模具：10 吋烤模

Ingredients
材　料

焦糖鳳梨的材料

細砂糖	1/2 杯
水	2 茶匙
無鹽奶油	1/4 杯
鳳梨罐頭	1 罐

麵糊的材料

無鹽奶油	170g
細砂糖	120g
雞蛋	3 個
牛奶	40g
中筋麵粉	150g
泡打粉	1 大匙
香草精	1 茶匙

How to make
作　法

01 先製作焦糖鳳梨。細砂糖、水放入小鍋子，以中小火煮約3～5分鐘。

02 當糖水變得濃稠時關火，拌入奶油即為焦糖液。

03 鳳梨切成對半，排入已鋪烘焙紙的模具，倒入作法2的焦糖液。

04 製作麵糊。無鹽奶油置於室溫下軟化備用。

05 奶油、細砂糖放入攪拌盆以打蛋器進行攪打。

06 攪打至奶油顏色呈泛白，分3次加入雞蛋，每加入1顆需攪打均勻，才能再加入下1顆。

08 倒入牛奶攪拌混勻。

09 加入過篩的中筋麵粉、泡打粉以橡皮刮刀混拌均勻。

10 拌至無粉粒的狀態，加入香草精拌勻，倒入烤模，送入已預熱到180℃的烤箱，烤50分鐘至熟透即取出。

11 將蛋糕倒扣，取下模具即可。

Tips

在模具內鋪上烘焙紙，可讓蛋糕方便脫模。

德國香蕉巧克力蛋糕
Banana Chocolate Cake With Walnuts

份量：1 個／模具：20 公分方形烤模

Ingredients
材　料

巧克力香蕉麵糊的材料

雞蛋	2 個
細砂糖	1/2 杯
蔬菜油	1/2 杯
香蕉泥	1 杯
香草精	1 茶匙
中筋麵粉	1 又 1/4 杯
可可粉	3 大匙
泡打粉	1 大匙
鹽	1 茶匙

椰子胡桃淋醬的材料

奶水	2/3 杯
細砂糖	2/3 杯
蛋黃	2 個
無鹽奶油	1/3 杯
香草精	1 茶匙
椰子絲	1 杯
已烤過的胡桃碎	1 杯

裝飾的材料

胡桃	9 顆
椰子絲	適量

How to make
作　法

01 先製作巧克力香蕉麵糊。雞蛋、細砂糖放入攪拌盆以打蛋器進行攪打。

02 攪打成蓬鬆泛白的蛋糊，慢慢倒入蔬菜油以橡皮刮刀拌勻。

03 加入香蕉泥、香草精混拌均勻。

04 中筋麵粉、可可粉、泡打粉混合過篩。

05 把過篩的粉類和鹽分次拌入蛋糊中，倒入底部鋪有烘焙紙的模具中，送入已預熱到200℃的烤箱，烤55～60分鐘即可脫模放涼。

06 製作椰子胡桃淋醬。奶水、細砂糖、蛋黃、無鹽奶油、香草精放入鍋中，以隔水加熱的方式煮到約82℃。

07 煮淋醬的過程中，需不停攪拌，當淋醬變得濃稠時，加入椰子絲、胡桃碎拌勻即可。

08 接著在烤好的巧克力香蕉蛋糕上，抹上淋醬，撒些椰子絲，擺上胡桃裝飾即可。

糖霜柳橙蛋糕
Iced Orange Cake

❖───────────────❖

份量：1 個／ 模具：6.5 吋圓模

─── *Ingredients* ───
材　料

柳橙麵糊的材料

無鹽奶油……………………85g
雞蛋…………………………3 個
細砂糖………………………85g
中筋麵粉……………………88g
柳橙皮屑……………………1 顆
柳橙汁………………………1 顆
柳橙果醬……………………1 大匙

柳橙糖霜的材料

糖粉…………………………120g
柳橙汁………………………25ml
蛋白…………………………5g
新鮮柳橙皮屑………………1 顆

─── *How to make* ───
作　法

01 先製作柳橙麵糊。無鹽奶油放入容器中，以隔水加熱的方式使奶油融化，奶油需維持45℃備用。

02 取一大一小的攪拌盆，40℃的熱水倒入大攪拌盆，約1/3的高度；雞蛋與細砂糖放入小攪拌盆。

03 小攪拌盆放入大攪拌盆，以打蛋器進行攪打。

04 攪打至將打蛋器舉起蛋糊時，約隔2～3秒才緩慢留下的狀態，加入已過篩的中筋麵粉、柳橙皮屑、柳橙汁與柳橙果醬以橡皮刮刀混拌均勻。

05 加入融化的奶油拌勻，倒入事先抹好奶油的模具，送入已預熱到180℃的烤箱，烤35～40分鐘即可取出。

06 製作柳橙糖霜。糖粉、柳橙汁、蛋白、柳橙皮屑放入攪拌盆，以打蛋器攪打至無顆粒狀即可。

07 待冷卻後，將蛋糕倒扣，取下模具，在蛋糕表面淋上柳橙糖霜即完成。

果乾蛋糕
Dried Fruit Cake

份量：1 個／ 模具：9 吋圓模

——— Ingredients ———
材　料

奶油起士……………………… 166g
無鹽奶油……………………… 266g
細砂糖……………………… 1 又 3/4 杯
雞蛋……………………………4 個
中筋麵粉…………………………2 杯
泡打粉……………………………1 大匙
鹽………………………… 1/4 小匙
香草精…………………………1 茶匙
檸檬皮屑…………………………1 顆
浸泡萊姆酒的水果乾……… 1 杯
核桃碎……………………………1 杯

Tips

模具內抹上奶油後，撒一層薄薄的麵
粉，可使蛋糕更容易脫模。

——— How to make ———
作　法

01 奶油起士、無鹽奶油置於室溫下
　　軟化。

02 將軟化的奶油起士、無鹽奶油、
　　細砂糖放入攪拌盆以打蛋器進行
　　攪打。

03 攪打至材料顏色呈泛白，分4次加
　　入雞蛋，每加入1顆蛋需攪打均
　　勻，才能加入下1顆蛋。

04 加入已過篩的中筋麵粉、泡打
　　粉、鹽以橡皮刮刀混拌均勻。

05 拌入香草精、檸檬皮屑、水果
　　乾、核桃碎，倒入已抹上奶油的
　　模具，送入已預熱到170℃的烤
　　箱，烤70分鐘。

06 取出蛋糕待冷卻20分鐘後，再倒
　　扣脫模即可。

焦糖香蕉巧克力蛋糕
Caramel Banana Chocolate Cake

份量：1 個／模具：20 公分圓形中空烤模

── Ingredients ──
材　料

巧克力麵糊的材料

雞蛋…………………………2 個
細砂糖……………………… 1/2 杯
蔬菜油……………………… 1/2 杯
香蕉泥…………………………1 杯
香草精…………………………1 茶匙
中筋麵粉…………… 1 又 1/4 杯
可可粉…………………………3 大匙
鹽………………………………1 茶匙
泡打粉…………………………1 大匙

焦糖奶油醬的材料

鮮奶油……………………… 100ml
細砂糖……………………… 100g
水……………………………… 50ml

Tips

香蕉可以用叉子壓碎成泥。

建議選用熟透的香蕉，會使蛋糕的香氣更濃郁。

── How to make ──
作　法

01 製作巧克力麵糊。雞蛋、糖放入攪拌盆，以打蛋器進行攪打。

02 攪打成蓬鬆泛白的蛋糊，再慢慢倒入蔬菜油攪拌。

03 加入香蕉泥、香草精拌勻。

04 中筋麵粉、可可粉、鹽、泡打粉過篩後，加入作法3的蛋糊拌勻，倒入模具，送入已預熱到180℃的烤箱，烤60分鐘即取出。

05 將蛋糕倒扣，取下模具後待蛋糕冷卻。

06 製作焦糖奶油醬。鮮奶油放置室溫備用。

07 細砂糖和水放入小鍋子，以中小火加熱至顏色呈棕色。

08 當糖水顏色呈焦黃時轉小火，慢慢加入鮮奶油，需攪拌至濃稠狀即關火，待冷卻備用。

09 在蛋糕表面淋上焦糖奶油醬。

蘋果奶油蛋糕
Apple Cream Cake

❖━━━━━━━━━━━━━❖

份量：1個／模具：8吋圓模

━━━ *Ingredients* ━━━
材　料

無鹽奶油·····················2/3 杯
雞蛋·····························2 個
細砂糖·····················3/4 杯
中筋麵粉···············1 又 3/4 杯
泡打粉·····················1 大匙
肉桂粉·····················1 大匙
小蘇打粉···················1 茶匙
香草精·····················1 茶匙
蘋果丁·························2 杯
核桃碎·····················1/2 杯
葡萄乾·····················1/4 杯

━━━ *How to make* ━━━
作　法

01 無鹽奶油放入容器中，以隔水加熱的方式使奶油融化備用。

02 雞蛋、細砂糖放入攪拌盆以打蛋器進行攪打。

03 攪打成蓬鬆泛白的蛋糊，加入融化的無鹽奶油以橡皮刮刀拌勻。

04 中筋麵粉、泡打粉、肉桂粉、小蘇打粉混合過篩後拌入蛋糊中。

05 拌至無顆粒狀，加入香草精混合均勻。

06 加入蘋果丁、核桃碎、葡萄乾拌勻，倒入已抹上奶油的模具，送入已預熱到200℃的烤箱，烤60分鐘即取出放涼。

07 待蛋糕冷卻後倒放，取下模具。

Tips

冷藏後食用風味更佳。

焦糖蘋果翻轉蛋糕
Caramel Apple Upside-Down Cake

份量：1 個／模具：6.5 吋圓形烤模

—— Ingredients ——
材　料

奶油蘋果的材料
蘋果……………………………2 顆
細砂糖…………………………2 大匙
無鹽奶油………………………15g

麵糊的材料
雞蛋……………………………3 個
細砂糖…………………………75g
無鹽奶油………………………30g
中筋麵粉………………………90g
泡打粉…………………………1 大匙
鮮奶……………………………20ml
蘭姆酒…………………………1 大匙

—— How to make ——
作　法

01 先製作奶油蘋果。蘋果切成片狀
與細砂糖、無鹽奶油一同放入小
鍋子，拌炒至蘋果片變得微軟。

02 待蘋果片冷卻後，排入底部已鋪
烘培紙的模具中。

03 製作麵糊。雞蛋、細砂糖放入攪
拌盆，以打蛋器進行攪打。

04 攪打成蓬鬆泛白的蛋糊，加入融
化的無鹽奶油混拌均勻。

05 加入已過篩的中筋麵粉、泡打粉
以橡皮刮刀混拌均勻。

06 慢慢倒入鮮奶、蘭姆酒拌勻後，
將麵糊放入裝有奶油蘋果的模具
中，送入已預熱到180℃的烤箱，
烤45～50分鐘即取出。

07 將蛋糕倒扣，取下模具即可。

糖霜檸檬蛋糕
Iced Lemon Cake

份量：1個／模具：7吋烤模

—— Ingredients ——
材　料

檸檬糖霜的材料

檸檬汁……………………………25g
糖粉…………………………… 150g
檸檬皮………………………… 1/2 顆

檸檬麵糊的材料

無鹽奶油……………………………85g
雞蛋………………………… 135g
細砂糖…………………………80g
低筋麵粉……………………………87g
檸檬汁…………………………… 20ml
檸檬皮屑………………………… 1 顆
檸檬果醬………………………… 5g

—— How to make ——
作　法

01 先製作檸檬糖霜。檸檬汁、糖粉、檸檬皮放入攪拌盆，以打蛋器拌勻備用。

02 製作檸檬麵糊。無鹽奶油放入容器，以隔水加熱的方式使奶油融化，奶油需維持45℃，備用。

03 雞蛋、細砂糖放入攪拌盆，再放進38℃的水中，以打蛋器進行攪打。

04 攪打至蛋糊呈絲綢狀，加入已過篩的低筋麵粉以橡皮刮刀拌勻。

05 倒入檸檬汁、檸檬皮屑、檸檬果醬混勻。

06 加入融化的奶油拌勻，倒入鋪好烤盤紙的模具，送入已預熱到170℃的烤箱，烤30～35分鐘。

07 待冷卻後，將蛋糕倒扣，輕輕取下模具。

08 將蛋糕底部朝上擺放，淋上檸檬糖霜即可。

Chapter4
Cheese Cakes
起士蛋糕

人氣滿滿的起士蛋糕，是在西元前 776 年，
為了供應雅典奧運所做出來的甜點。
這項看起來是起源於希臘的甜點，
就向世界擴散，紐約起士蛋糕、南瓜起士蛋糕、
不需烤的起士蛋糕……口味也不斷不斷地增加。
口感比一般蛋糕扎實、質地比一般蛋糕軟綿，
入口後，就是一句「好吃！」

雙色起士香蕉蛋糕
Two-Tone Banana Cheesecake

份量：1個／模具：7吋中空圓模

—— Ingredients ——
材　料

A

奶油起士 ·················· 125g
細砂糖 ···················· 1/6 杯
雞蛋 ····················· 1 個
香草精 ···················· 1 茶匙

B

雞蛋 ····················· 1 個
細砂糖 ···················· 1/2 杯
蔬菜油 ···················· 1/4 杯
香蕉泥 ···················· 1/2 杯
中筋麵粉 ·················· 1/2 杯
可可粉 ···················· 1/4 杯
泡打粉 ···················· 1 茶匙
小蘇打粉 ·················· 1 茶匙
鹽 ······················· 1 茶匙

—— How to make ——
作　法

01 材料A的奶油起士放置室溫下軟化，再與細砂糖放入攪拌盆，以打蛋器攪打均勻。

02 攪打至奶油起士滑順無顆粒，加入材料A的雞蛋、香草精攪拌均勻，倒入模具，送入已預熱到160℃的烤箱，烤10分鐘。

03 馬上在乾淨的攪拌盆放入材料B的雞蛋和細砂糖，以打蛋器進行攪打。

04 攪打成蓬鬆泛白的蛋糊，倒入蔬菜油以橡皮刮刀拌勻。

05 加入香蕉泥拌勻。

06 再加入已過篩的中筋麵粉、可可粉、泡打粉、小蘇打粉、鹽拌入蛋糊中。

07 取出已烤10分鐘的蛋糕，立即倒入作法6的蛋糊，送入已預熱到170℃的烤箱，烤25～30分鐘即取出。

08 待蛋糕冷卻後，將蛋糕倒放脫模。

蘋果胡桃起士蛋糕
Apple Pecan Cheesecake

❖──────❖

份量：1 個／ 模具：7.5 吋圓模

―――― Ingredients ――――
材　料

起士麵糊的材料
無鹽奶油 ………………… 1/3 杯
消化餅乾碎 ……………… 2/3 杯
奶油起士 ………………… 250g
細砂糖…………………… 1/3 杯
雞蛋……………………… 2 個
酸奶油…………………… 1/3 杯
香草精 …………………… 1 茶匙

肉桂蘋果的材料
蘋果丁…………………… 1 杯
細砂糖…………………… 1 大匙
肉桂粉…………………… 1 大匙
胡桃碎…………………… 2/3 杯

―――― How to make ――――
作　法

01 製作起士麵糊。無鹽奶油放入容器中，以隔水加熱的方式使奶油融化。

02 倒入消化餅乾碎與融化的奶油混合均勻，倒入模具中壓平，放入冰箱冷藏備用。

03 奶油起士放置室溫下軟化，再與細砂糖放入攪拌盆，以打蛋器進行攪打。

04 攪打至奶油起士滑順無顆粒，分2次加入雞蛋，每加入1顆蛋需攪打均勻，才能再加入下1顆蛋。

05 加入酸奶油、香草精拌勻，倒入模具中。

06 製作肉桂蘋果。蘋果丁、細砂糖、肉桂粉、胡桃碎放入乾淨的攪拌盆混合均勻。

07 肉桂蘋果撒在已裝有起士麵糊的模具裡，送入已預熱到170℃的烤箱，烤55～60分鐘即可。

08 蛋糕放涼後，放入冰箱冷藏4小時即可脫模。

紐約起士蛋糕
New York Cheesecake

份量：1個／模具：8吋圓模

Ingredients
材　料

起士麵糊的材料

無鹽奶油……………………… 1/4 杯
消化餅乾碎……………………… 2/3 杯
奶油起士……………………… 500g
細砂糖………………………… 1/2 杯
香草精………………………… 1 茶匙
雞蛋…………………………… 3 個
酸奶油………………………… 150g

酸奶油醬的材料

酸奶油………………………… 150g
糖粉…………………………… 2 大匙
香草精………………………… 1/2 小匙

How to make
作　法

01 先製作起士麵糊。無鹽奶油放入容器中，以隔水加熱的方式使奶油融化。

02 消化餅乾碎與融化的奶油混合均勻，倒入模具中壓平，放置冰箱冷藏備用。

03 奶油起士置於室溫下軟化，再與細砂糖放入攪拌盆，以打蛋器進行攪打。

04 攪打至奶油起士滑順無顆粒，加入香草精拌勻。

05 分2次加入雞蛋，每加入1顆蛋需攪打均勻，才能加入下1顆蛋。

06 加入酸奶油拌勻，倒入模具中，送入已預熱到180℃的烤箱，烤60分鐘。

07 製作酸奶油醬。酸奶油、糖粉、香草精放入乾淨的攪拌盆拌勻。

08 酸奶油醬倒入已烤好起士蛋糕的模具裡，送入烤箱，烤10分鐘即取出。

09 待蛋糕冷卻後，放入冰箱冷藏約4小時後脫模。

南瓜起士蛋糕
Pumpkin Cheesecake

份量：1 個／ 模具：7.5 吋圓模

Ingredients
材　料

無鹽奶油……………………… 1/4 杯
消化餅乾碎………… 1 又 1/2 杯
奶油起士…………………… 375g
細砂糖……………………… 1/2 杯
香草精……………………… 1 茶匙
雞蛋……………………………3 個
南瓜泥……………………… 1/3 杯
肉桂粉……………………… 1 茶匙

How to make
作　法

01 無鹽奶油放入容器中，以隔水加熱的方式使奶油融化。

02 消化餅乾碎與融化的奶油混合均勻，倒入模具中壓平，放入冰箱冷藏備用。

03 奶油起士置於室溫下軟化，再與細砂糖放入攪拌盆，以打蛋器進行攪打。

04 攪打至奶油起士滑順無顆粒，加入香草精拌勻。

05 分3次加入雞蛋，每加入1顆蛋需攪打均勻，才能加入下1顆蛋。

06 雞蛋與奶油起士完全融合，再加入南瓜泥、肉桂粉拌均勻。

07 麵糊倒入模具，送入已預熱到170℃的烤箱，烤60分鐘後。

08 蛋糕放涼後，放置冰箱冷藏約4小時即可脫模。

不需烤的起士蛋糕
No-Bake Cheesecake

份量：1 個／模具：7 吋活動圓模

Ingredients
材　料

無鹽奶油……………………… 1/4 杯
消化餅乾碎………………… 2/3 杯
吉利丁…………………………2 片
奶油起士 ……………………250g
鮮奶油………………………50g
優酪乳………………………30g
細砂糖………………………… 1/3 杯
檸檬汁………………………20g
檸檬皮屑……………………少許

How to make
作　法

01 無鹽奶油放入容器中，以隔水加熱的方式使奶油融化。

02 消化餅乾碎與融化的奶油混合均匀，倒入模具中壓平，放入冰箱冷藏備用。

03 吉利丁片放入冷水中，泡至變軟後用手擠乾水分備用。

04 奶油起士放置室溫下軟化，與鮮奶油、優酪乳、細砂糖放入攪拌盆，把攪拌盆放入熱水中，用隔水加熱的方式以打蛋器攪拌。

05 倒入檸檬汁、檸檬皮屑混匀。

06 放入泡軟的吉利丁片，攪拌至完全融化，倒入模具，放入冰箱冷藏4小時。

07 待蛋糕凝固後，即可脫模。

Chapter5

Snacks

小點心

總是給孩子最溫暖微笑的媽媽們，都有一雙巧手。
為了辛勤工作的先生和需要健康的孩子們，親手
做點心。
爭奇鬥豔的杯子蛋糕、貝殼形狀的傳統法式小蛋
糕瑪德蓮和傳統美式肉桂捲，
濃郁甜蜜又健康，振奮了精神，
也安撫了辛苦的家人。

巧克力杯子蛋糕
Chocolate Cupcakes

份量：6個／模具：馬芬模、紙模

—— Ingredients ——
材　料

巧克力麵糊的材料

無鹽奶油	33g
細砂糖	88g
蛋液	30g
香草精	4g
牛奶	56g
中筋麵粉	55g
可可粉	21g
泡打粉	1/2 小匙
小蘇打粉	1/4 小匙
鹽	少許
熱水	48g

奶油糖霜的材料

無鹽奶油	1/2 杯
糖粉	2 杯
香草精	1 茶匙
牛奶	2 茶匙

—— How to make ——
作　法

01 先製作巧克力麵糊。無鹽奶油放置室溫下軟化備用。

02 軟化的奶油、細砂糖一起放入攪拌盆，以打蛋器進行攪打。

03 攪打至奶油顏色呈泛白，加入蛋液、香草精、牛奶攪拌。

04 加入已過篩的中筋麵粉、可可粉、泡打粉、小蘇打粉與鹽，以橡皮刮刀拌勻。

05 倒入熱水混合均勻，分別倒入6個裝有紙模的模具中，送入已預熱到175℃的烤箱，烤12～15分鐘至熟透後取出放涼。

06 製作奶油糖霜。在乾淨的攪拌盆放入軟化的奶油，分2次加入過篩的糖粉，以打蛋器攪拌。

07 攪拌至糖粉完全融入奶油，加入香草精、牛奶以橡皮刮刀拌勻。

08 奶油糖霜倒入裝有擠花嘴的袋中，放進冰箱冷藏30～60分鐘。

09 蛋糕冷卻後，擠上一圈奶油糖霜即可。

香草杯子蛋糕
Classic Vanilla Cupcakes

❖————————————❖

份量：6個／模具：馬芬模、紙模

—————— Ingredients ——————
材　料

香草麵糊的材料

無鹽奶油……………………33g
細砂糖………………………88g
蛋液…………………………30g
香草精………………………… 4g
牛奶…………………………56g
中筋麵粉……………………86g
泡打粉…………………… 1/2 小匙
小蘇打粉………………… 1/4 小匙
鹽…………………………… 少許
熱水…………………………48g

奶油糖霜的材料

無鹽奶油………………… 1/2 杯
糖粉………………………… 2 杯
香草精……………………… 1 茶匙
牛奶………………………… 2 茶匙

—————— How to make ——————
作　法

01 先製作香草麵糊。無鹽奶油放置室溫下軟化備用。

02 取一個攪拌盆放入軟化的奶油、細砂糖，以打蛋器進行攪打。

03 攪打至奶油顏色呈泛白，加入蛋液、香草精、牛奶攪拌。

04 加入已過篩的中筋麵粉、泡打粉、小蘇打粉與鹽，以橡皮刮刀拌勻。

05 倒入熱水混合拌勻，分別倒入6個裝有紙模的模具，送入已預熱175℃的烤箱，烤12～15分鐘至熟透後即取出。

06 製作奶油糖霜。（作法詳見P.111，作法6～8）

07 蛋糕冷卻後，擠上一圈奶油糖霜即可。

傳統美式肉柱捲
Classic American Cinnamon Rolls

傳統美式肉桂捲
Classic American Cinnamon Roll

份量：1 個／模具：22cm×22cm×5cm 的方型烤盒

Ingredients
材　料

鮮奶····················· 200ml

酵母粉······················ 6g

高筋麵粉··················· 300g

細砂糖······················ 30g

蜂蜜······················· 10g

雞蛋························ 1 個

無鹽奶油··················· 30g

鹽························· 4g

沙拉油····················· 少許

高筋麵粉··················· 適量

A

無鹽奶油··················· 30g

細砂糖····················· 1/4 杯

肉桂粉····················· 1 大匙

烤過的核桃碎················· 60g

蛋液······················ 適量

作　法

01 鮮奶倒入小鍋子中，以小火加熱至38℃。

02 加入酵母粉拌勻後，靜置5分鐘。

03 高筋麵粉、細砂糖、蜂蜜、雞蛋、無鹽奶油、鹽、作法2的鮮奶放入攪拌盆以揉麵機或是以手進行攪拌。

04 攪打成有彈性且不黏手的麵團，把麵團滾圓，收口朝下。

05 沙拉油倒入乾淨的攪拌盆，放入麵團。

06 在麵團表面噴一點水，蓋上保鮮膜，進行第1次發酵（約1小時）麵團會膨脹成2倍大。

07 取出麵團放在撒有高筋麵粉的桌面，擀成約30cmx40cm的長方形。

08 在麵團表面刷上材料A的無鹽奶油，撒上細砂糖、肉桂粉，再將40g的核桃碎平均鋪於麵團，捲成長條狀，捏緊收口。

09 捲好的麵團平均分成7等分，放入已抹油的烤盤，於麵團表面噴一點水，進行第2次發酵（約40～50分鐘）。

10 在麵團表面刷上蛋液，撒上20g的核桃碎，送入已預熱到180℃的烤箱，烤20～22分鐘。

11 取出肉桂捲，待冷卻後即脫模。

檸檬瑪德蓮
Lemon Madeleines

份量：16個／模具：瑪德蓮不沾模

Ingredients
材 料

無鹽奶油……………………… 100g
雞蛋…………………… 1 又 1/2 個
細砂糖………………………… 65g
蜂蜜…………………………… 15g
牛奶………………………… 30ml
香草精………………… 1/2 小匙
中筋麵粉……………………… 100g
泡打粉………………………… 5g
鹽…………………………… 少許
檸檬皮屑………………… 1 顆

How to make
作 法

01 奶油放入小鍋子中，以小火煮至奶油稍微焦化。

02 融化的奶油、雞蛋、細砂糖、蜂蜜放入攪拌盆，以打蛋器攪拌。

03 倒入牛奶、香草精拌勻。

04 加入已過篩的中筋麵粉、泡打粉、鹽，以橡皮刮刀拌勻，再拌入檸檬皮屑。

05 麵糊放入冰箱冷藏1天即取出，分別倒入模具，約7分滿，送入已預熱到180℃的烤箱，烤10分鐘，以160℃烤5分鐘即取出。

06 蛋糕脫模放置鋼架上待冷卻。

Tips

焦化奶油可增添蛋糕風味。

將麵糊放入冰箱冷藏後，再入模烘烤，可使蛋糕的組織變得更細緻。

巧克力瑪德蓮
Chocolate Madeleines

份量：16 個／ 模具：瑪德蓮不沾模

Ingredients
材　料

無鹽奶油·····················100g
雞蛋····················· 1 又 1/2 個
細砂糖·····················65g
蜂蜜·····················15g
牛奶·····················30ml
香草精····················· 1 茶匙
中筋麵粉·····················80g
可可粉·····················20g
泡打粉····················· 5g
鹽····················· 少許
柳橙皮屑····················· 1 顆

How to make
作　法

01 無鹽奶油放入小鍋子中，以小火煮至奶油稍微焦化。

02 將融化的奶油、雞蛋、細砂糖、蜂蜜放入攪拌盆，以打蛋器攪拌均勻。

03 倒入牛奶、香草精拌勻。

04 加入已過篩的中筋麵粉、可可粉、泡打粉與鹽，以橡皮刮刀拌勻，再拌入柳橙皮屑。

05 麵糊放入冰箱冷藏1天即取出，分別倒入模具，約7分滿，送入已預熱到180℃的烤箱，烤10分鐘，再以160℃續烤5分鐘即取出。

06 蛋糕脫模放置鋼架上待冷卻。

布列塔尼酥餅
Galettes Bretonnes

份量：20 ～ 24 片／模具：圓形框模

Ingredients
材　料

無鹽奶油……………………… 200g
糖粉…………………………… 225g
香草精………………………… 1 茶匙
鹽……………………………… 少許
雞蛋…………………………… 1 個
蛋黃…………………………… 2 個
中筋麵粉……………………… 220g
泡打粉………………………… 5g
杏仁粉………………………… 100g
蛋黃液………………………… 適量

Tips

麵團套入圓模入烤箱烘烤，為了避免
餅乾形狀變形。

How to make
作　法

01 無鹽奶油置於室溫下軟化，與糖粉、香草精、鹽放入攪拌盆，以打蛋器進行攪打。

02 攪打至奶油顏色呈泛白，加入雞蛋、蛋黃攪打。

03 中筋麵粉與泡打粉過篩後，與杏仁粉放入攪拌盆，以橡皮刮刀混合均勻，再拌入作法2的材料。

04 拌成麵團，以保鮮膜包起來，用擀麵棍擀平成1cm厚，放入冰箱冷藏1小時以上。

05 取出麵團，撕開保鮮膜，放在撒有少量麵粉的工作台上，用餅乾圓模壓出數個圓形麵團後，套入餅乾圓模，放在鋪有烘焙紙的烤盤上。

06 在麵團表面刷上蛋黃液，用刀叉畫出十字線條，送入已預熱到190℃的烤箱烤15分鐘，再降溫至170℃烤10分鐘。

07 烤好的餅乾即脫模，待餅乾冷卻。

媽媽教我做的糕點

派塔 × 蛋糕 × 小點心，重溫兒時的好味道

作　　　者　賈漢生、丁松筠
攝　　　影　楊志雄
採訪撰文　翁瑞祐
編　　　輯　陳思穎
美術設計　侯心苹

發 行 人　程安琪
總 策 畫　程顯灝
總 編 輯　呂增娣
主　　編　翁瑞祐、徐詩淵
資深編輯　鄭婷尹
編　　輯　吳嘉芬、林憶欣
美術主編　劉錦堂
美術編輯　曹文甄
行銷總監　呂增慧
資深行銷　謝儀方
行銷企劃　李　昀

發 行 部　侯莉莉
財 務 部　許麗娟、陳美齡
印　 務　許丁財
出 版 者　橘子文化事業有限公司

總 代 理　三友圖書有限公司
地　　址　106 台北市安和路 2 段 213 號 4 樓
電　　話　(02) 2377-4155
傳　　真　(02) 2377-4355
E ─ mail　service@sanyau.com.tw
郵政劃撥　05844889 三友圖書有限公司

總 經 銷　大和書報圖書股份有限公司
地　　址　新北市新莊區五工五路 2 號
電　　話　(02) 8990-2588
傳　　真　(02) 2299-7900

製　　版　興旺彩色印刷製版有限公司
印　　刷　鴻海科技印刷股份有限公司
初　　版　2016 年 03 月
一版二刷　2018 年 01 月
定　　價　新臺幣 380 元
I S B N　978-986-364-085-1(平裝)

SAN YAU
http://www.ju-zi.com.tw
三友圖書
友直 友諒 友多聞

國家圖書館出版品預行編目 (CIP) 資料

媽媽教我做的糕點：派塔 × 蛋糕 × 小點心，重
溫兒時的好味道 / 賈漢生 , 丁松筠著 .– 初版 .– 臺
北市：橘子文化 , 2016.03
　面；　公分
ISBN 978-986-364-085-1(平裝)

1. 點心食譜

427.16　　　　　　　　　　　　　105001960

本書特別感謝：
陳星宏拍攝封面人物
雅客廚房提供拍攝封面的場地
闕思屏先生提供溫馨小廚房，
做出 40 道愛的甜點
白漢華牧師、師母
葛佳可牧師、師母
提供愛的食譜